绿色食品(绿色优质农产品)
技术标准通识手册

中国绿色食品发展中心　主编

中国农业科学技术出版社

图书在版编目（CIP）数据

绿色食品（绿色优质农产品）技术标准通识手册 / 中国绿色食品发展中心主编. --北京：中国农业科学技术出版社，2024.5
ISBN 978-7-5116-6808-0

Ⅰ.①绿…　Ⅱ.①中…　Ⅲ.①绿色农业－农产品－技术标准－中国－手册　Ⅳ.①S3-65

中国国家版本馆CIP数据核字（2024）第 096074 号

责任编辑　姚　欢
责任校对　王　彦
责任印制　姜义伟　王思文

出 版 者　中国农业科学技术出版社
　　　　　北京市中关村南大街 12 号　　邮编：100081
电　　话　（010）82106631（编辑室）　（010）82106624（发行部）
　　　　　（010）82109709（读者服务部）
网　　址　https://castp.caas.cn
经 销 者　各地新华书店
印 刷 者　北京中科印刷有限公司
开　　本　130 mm×185 mm　1/32
印　　张　3.25
字　　数　70 千字
版　　次　2024 年 5 月第 1 版　　2024 年 5 月第 1 次印刷
定　　价　30.00 元

编 委 会

目　录

绿色食品篇

有机产品篇

地理标志农产品篇

基地建设篇

附 录

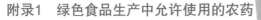

绿色食品篇

一、什么是绿色食品？

　　绿色食品，是指产自优良生态环境、按照绿色食品标准生产、实行全程质量控制并获得绿色食品标志使用权的安全、优质食用农产品及相关产品。

　　绿色食品标志是我国第一例在国家工商行政管理总局商标局依法注册的证明商标。

　　绿色食品标志图形由三部分构成，即上方的太阳、下方的叶片和中心的蓓蕾。标志图形为正圆形，意为保护、安全。颜色为绿色，象征生命活力。整个图形表达明媚阳光下人与自然的和谐与生机。

绿色食品的本质特征是安全、优质和环保

安全

绿色食品标准中卫生指标部分严于国家标准，部分接轨发达国家标准。

优质

绿色食品大部分感官、理化指标达到相应的国家标准或行业标准的"一级""一等""优级"要求。

环保

减少使用农药、肥料等生产投入品，保护生态环境。

二、什么是绿色食品标准体系？

　　绿色食品标准包括产地环境标准、生产技术标准、产品标准、包装储运标准。

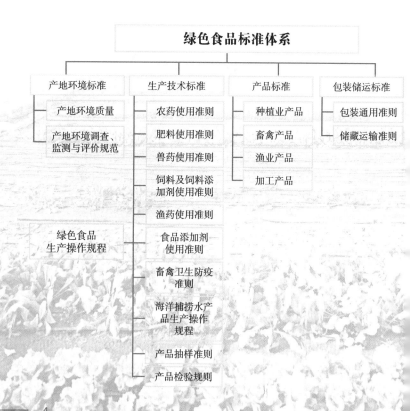

种植业主要涉及《绿色食品 产地环境质量》《绿色食品 农药使用准则》《绿色食品 肥料使用准则》《绿色食品 包装通用准则》《绿色食品 储藏运输准则》及绿色食品种植业产品标准。

养殖业主要涉及《绿色食品 产地环境质量》《绿色食品 兽药使用准则》《绿色食品 饲料及饲料添加剂使用准则》《绿色食品 渔药使用准则》《绿色食品 包装通用准则》《绿色食品 储藏运输准则》及绿色食品畜禽和渔业产品标准。

加工业主要涉及《绿色食品 产地环境质量》《绿色食品 食品添加剂使用准则》《绿色食品 包装通用准则》《绿色食品 储藏运输准则》及绿色食品加工产品标准。

三、如何生产绿色食品？

1. 绿色食品　种植业生产技术要求

（1）产地环境检测

| 空气 | —— | 检测项目：总悬浮颗粒物、二氧化硫、二氧化氮、氟化物 |

| 农田灌溉水 | —— | 检测项目：pH值、总汞、总镉、总砷、总铅、六价铬、氟化物、化学需氧量、石油类、总大肠菌群 |

| 土壤 | —— | 检测项目：总镉、总汞、总砷、总铅、总铬、总铜、土壤肥力（有机质、全氮、有效磷、速效钾） |

（2）农药使用规定

有害生物防治原则

提高生物多样性，维持农业生态系统的平衡

选用抗病虫品种、加强栽培管理、轮作倒茬、间作套种等

保持和优化农业生态系统

优先采用农业措施

灯光、色彩诱杀害虫，机械捕捉害虫，释放害虫天敌，机械或人工除草等

物理和生物措施

合理使用低风险农药

选择不同作用机理、环境友好型、低残留的农药

（3）肥料使用规定

坚持有机与无机养分相结合，提高作物秸秆、畜禽粪便循环利用比例。在保障养分充足供给的基础上，无机氮素和磷素用量不得高于当季作物需求量的一半。根据土壤性质、作物需肥规律、肥料特征，合理施用有机肥料或农家肥，保障作物产量和品质。

禁止使用：

· 未经发酵腐熟的人畜粪尿。

· 生活垃圾、污泥和含有害物质（如病原微生物、重金属、有害气体等）的垃圾。

· 成分不明确或含有安全隐患成分的肥料。

· 添加有稀土元素的肥料。

· 国家法律法规规定禁用的肥料。

绿色食品苹果的诞生

病虫害防治

土壤检测

肥料施用

有机肥

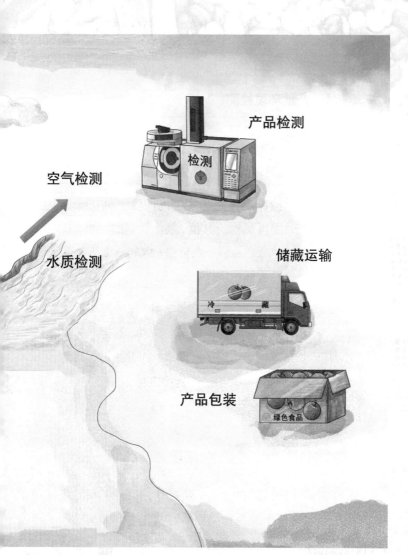

产品检测

空气检测

检测

水质检测

储藏运输

冷藏

产品包装

绿色食品

2. 绿色食品　养殖业生产技术要求

（1）产地环境检测

畜禽养殖场所空气	检测项目：总悬浮颗粒物、二氧化碳、硫化氢、氨气、恶臭
养殖用水	检测项目：色度、浑浊度、臭、味、肉眼可见物、pH 值、氟化物、氰化物、总砷、总汞、总镉、六价铬、总铅、菌落总数、总大肠菌群
渔业水水质	检测项目：色、臭、味、pH 值、生化需氧量、总大肠菌群、总汞、总镉、总铅、总铜、总砷、六价铬、挥发酚、石油类、活性磷酸盐、高锰酸钾指数、氨氮

（2）饲料技术要求

植物源性饲料原料，应是通过认定的绿色食品或其副产品；或来源于绿色食品原料标准化生产基地的产品或其副产品；或是按照绿色食品生产方式生产并经认定的原料基地生产的产品或其副产品。

动物源性饲料原料，应只使用乳及乳制品、鱼粉和其他海洋水产动物产品或副产品，其他动物源性饲料不可使用；鱼粉和其他海洋水产动物产品或副产品，应来自经国家农业农村主管部门认可的产地或加工厂，并有证据证明符合规定要求，其中鱼粉应符合GB/T 19164《饲料原料 鱼粉》的规定。进口的鱼粉和其他海洋水产动物产品或副产品，应有国家检验检疫部门提供的相关证明和质量报告，并符合相关规定。

不应使用的饲料原料：
·畜禽及餐厨废弃物。
·畜禽屠宰场副产品及其加工产品。
·非蛋白氮。
·鱼或其他海洋水产动物产品或副产品（限反刍动物）。

（3）饲料添加剂技术要求

不应使用的饲料添加剂：

· 禁止使用制药工业副产品（包括生产抗生素、抗寄生虫药、激素等药物的残渣）。

· 禁止使用来源于动物蹄角及毛发生产的氨基酸。

建议：

· 采用准许清单制。根据国家相关法律法规要求，允许使用316种饲料添加剂。

· 矿物质饲料添加剂中应有不少于60%的种类来源于天然矿物质饲料或有机微量元素产品。

　　生产AA级绿色食品的饲料及饲料添加剂除符合以上要求外，还应执行GB/T 19630《有机产品　生产、加工、标识与管理体系要求》的相关规定。

（4）兽药使用规定

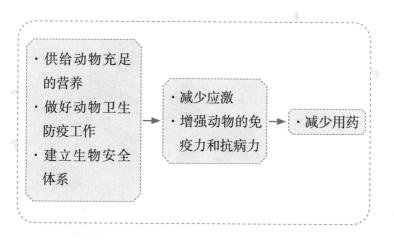

・供给动物充足的营养
・做好动物卫生防疫工作
・建立生物安全体系
→
・减少应激
・增强动物的免疫力和抗病力
→
・减少用药

应严格执行药物用量、用药时间、休药期。

绿色食品猪肉的诞生

加工
绿色食品 小麦　绿色食品 麦麸（小麦磨粉后副产品）

脱粒
绿色食品 玉米　绿色食品 玉米

绿色食品 大豆
绿色食品 大豆粕
压榨
饲料添加剂（严选）

饲料加工

养殖场所空气检测

优质养殖环境

养殖水检测

绿色疫病防治

屠宰生产线　安全屠宰

检测　检验报告　产品检测

冷藏　储藏运输

产品包装

3. 绿色食品　加工业生产技术要求

（1）产地环境检测

| 加工用水水质 | — | 检测项目：pH值、总汞、总砷、总镉、总铅、六价铬、氰化物、氟化物、菌落总数、总大肠菌群 |

（2）加工原料技术要求

占比 ≥ 90% 的原料	应为获得绿色食品标志的产品或其副产品
	应为绿色食品原料标准化生产基地的产品或其副产品
	应为按绿色食品生产方式生产的产品或其副产品

| 占比 2% ~ 10% 的原料 | —— | 应有固定来源和省级或省级以上检测机构出具的产品检验报告 |
| 占比 ≤ 2% 的原料 | —— | 年用量 1 吨（含）以上的，应提供原料订购合同和购买凭证；年用量 1 吨以下的，应提供原料购买凭证 |

（3）食品添加剂技术要求

· 首选使用天然食品添加剂。

· 达到预期效果的同时，尽可能减少使用量。

使用的食品添加剂应符合 GB 2760《食品安全国家标准 食品添加剂使用标准》中最大使用量等相关规定。

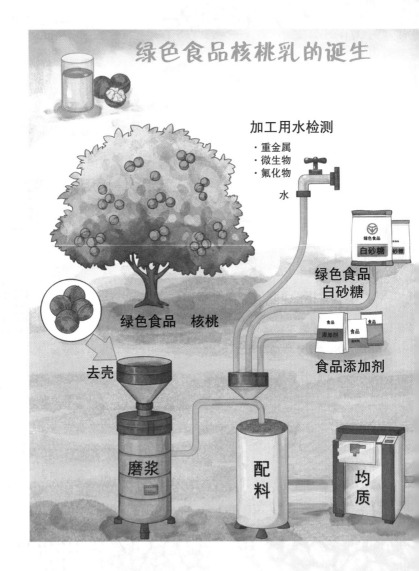

绿色食品核桃乳的诞生

加工用水检测

· 重金属
· 微生物
· 氟化物

水

绿色食品
白砂糖

白砂糖

绿色食品　核桃

食品添加剂

去壳

磨浆

配料

均质

绿色食品　核桃乳

产品检测

合格

产品检测

杀菌

灌装

四、如何申请绿色食品?

　　取得营业执照的企业法人、农民专业合作社、个人独资企业、合伙企业、家庭农场等，或国有农场、国有林场和兵团团场等生产单位均可以申请。

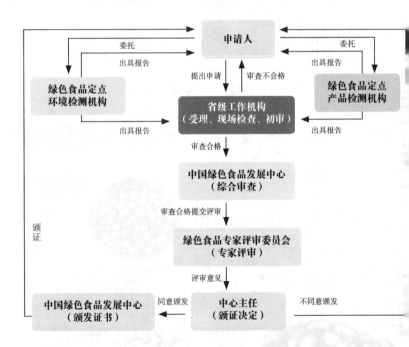

五、如何进行绿色食品质量监管?

产品抽检：中国绿色食品发展中心对已获得绿色食品标志使用权的产品采取监督性抽查检验。

企业年检：绿色食品工作机构对辖区内获得绿色食品标志使用权的企业，在一个标志使用年度内的绿色食品生产经营活动、产品质量及标志使用行为实施监督、检查、考核、评定等。

跟踪检查：在对绿色食品生产主体实施年检的基础上，对进入市场销售环节的绿色食品标志使用展开规范性跟踪评价。

风险预警：建立由专家团队协同运作的风险预判和警示机制，对特定区域、品种潜在的风险因素排查、锁定、警示，主动性开展风险防范和科普宣传，尽最大努力化解风险隐患。

应急处置：建立绿色食品质量安全突发事件应急处置机制，有效预防、积极应对绿色食品质量安全突发事件。

退出公告：中国绿色食品发展中心以正式文件形式告知相关省级工作机构及生产经营主体，取消其标志使用权并收回绿色食品证书。

行之有效的质量监督管理制度确保获证产品在证书有效期内持续符合标准要求。

有机产品篇

一、什么是有机农业?

有机农业是遵照特定的生产原则，在生产过程中不使用化学合成的农药、化肥、生长调节剂、饲料添加剂等物质，不采用基因工程获得的生物及其产物，遵循自然规律和生态学原理，协调种植业和养殖业的平衡，维持农业生态系统良性循环的一种农业生产方式。有机农业基于健康、生态、公平、关爱四大原则，具有环保、健康、可持续的特点。

二、什么是有机产品？

　　有机产品是指通过有机生产、有机加工的供人类消费、动物食用的产品。有机加工是指主要使用有机配料，加工过程中不采用基因工程获得的生物及其产物，尽可能减少使用化学合成的添加剂、加工助剂、染料等投入品，最大程度地保持产品的营养成分和/或原有属性的一种加工方式。

三、如何进行有机农业生产？

生产有机产品应符合GB/T 19630—2019《有机产品生产、加工、标识与管理体系要求》的相关要求。

基本要求

生产单元　有机生产单元的边界应清晰，所有权和经营权应明确，并且已按照GB/T 19630的要求建立并实施了有机生产管理体系。

转换期　由常规生产向有机生产发展需要有一个转换期，经过转换期后的产品才可作为有机产品销售。转换期内应按照有机生产的要求进行管理。

基因工程生物　不应在有机生产中引入或在有机产品上使用基因工程生物/转基因生物或其衍生物。同时存在有机和常规生产的生产单元，其常规生产部分也不应引入或使用基因工程生物。

辐照　不应在有机生产中使用辐照技术。

投入品　有机产品生产者应选择并实施栽培管理措施和/或养殖管理措施，以维持或改善土壤理化性状和生物性状，减少土壤侵蚀，保护植物和养殖动物的健康。在栽培管理措施和/或养殖管理措施不足以维持土壤肥力和保证植物和养殖动物健康，需要使用生产单元外来投入品时，应使用标准限定的投入品，并按照规定的条件使用。

不应使用化学合成的植物保护产品、化学合成的肥料和城市污水污泥。

有机产品中不应检出有机生产中禁用的物质。

1. 有机产品：种植业生产技术要求

有机植物生产，首先要求产地环境符合有机农业生产标准要求，要对产地环境进行检测。种植过程按照有机标准要求，应经过一定期限的有机转换期，通过适当耕作与栽培措施维持和提高土壤肥力，优先适度使用有机肥，优先采用农业措施防治病虫草害。产品要按照有机认证机构风险评估要求进行检测。

（1）产地环境检测

土壤：符合GB 15618《土壤环境质量农用地土壤污染风险管控标准（试行）》规定。

农田灌溉用水：符合GB 5084《农田灌溉水质标准》规定。

环境空气：符合GB 3095《环境空气质量标准》规定。

（2）肥料使用要求

应通过适当的耕作与栽培措施维持和提高土壤肥力，优先适度使用有机肥。

可使用有机产品标准GB/T 19630允许使用的土壤培肥和改良物质。不可以使用化学合成的肥料和城市污水污泥。

（3）病虫草害防治要求

从农业生态系统出发，综合运用各种防治措施，优先采用农业措施，尽量使用物理措施进行防治，可使用GB/T 19630 标准允许使用的植物保护产品。不可以使用化学合成的植物保护产品。

2. 有机产品：养殖业生产技术要求

有机畜禽、水产养殖，首先要求养殖环境符合有机标准要求，要对畜禽饮用水、水产养殖用水进行检测。养殖过程按照有机标准要求，应经过一定期限的转换期，饲喂符合有机生产标准的饲料，确保动物福利，疾病控制以预防为主、治疗为辅，可在一定条件下使用常规兽（渔）药进行治疗，禁止使用化学合成兽（渔）药进行预防性治疗。产品要按照有机认证机构风险评估要求进行检测。

（1）产地环境检测

畜禽饮用水：水质符合GB 5749《生活饮用水卫生标准》规定。

水产养殖用水：水质符合GB 11607《渔业水质标准》规定。

（2）饲料要求

畜禽应以有机饲料饲养；水产养殖投喂的饵料应是有机的或野生的。可使用有机标准允许使用的添加剂和营养物质。

禁止使用化学合成的促生长剂、诱食剂、防腐剂、色素等。

（3）疾病防治要求

疾病防治以预防为主、治疗为辅。

不应使用抗生素或化学合成的药物等进行预防性治疗。

使用常规兽药、渔药应符合2倍休药期、疗程限制规定。

3. 有机产品：加工业生产技术要求

有机食品加工厂应符合GB 14881《食品生产通用卫

生规范》的相关要求，加工用水符合生活饮用水相关要求，所使用配料中有机配料应在95%以上，使用的食品添加剂和加工助剂应在GB/T 19630附录清单中。加工过程应采用机械、物理、生物等加工工艺，最大限度地保持产品的营养成分和原有属性。产品要按照有机认证机构风险评估要求进行检测。

（1）产地环境检测

加工用水：水质符合GB 5749《生活饮用水卫生标准》要求。

（2）加工配料要求

有机配料所占的质量或体积不应少于配料总量的95%。

（3）食品添加剂使用要求

食品加工中使用的食品添加剂应符合GB/T 19630附录要求。

不应使用来自转基因的配料、添加剂和加工助剂。

（4）加工工艺要求

宜采用机械、冷冻、加热、微波、烟熏等处理方法及微生物发酵工艺。

四、如何进行有机产品认证？

　　向中绿华夏有机产品认证中心（COFCC）申请有机产品认证应按以下流程。

认证小贴士

①认证申请者应符合《有机产品认证实施规则》5.2中的条件。

②申请认证的产品种类应在国家认监委公布的《有机产品认证目录》内。

③认证委托人按照GB/T 19630的要求，建立有机生产、加工、经营管理体系，并至少有效运行3个月。

④认证申请者应至少在产品收获、屠宰或捕捞前3个月提交《有机产品认证申请书》《有机产品认证调查表》《有机产品认证文件资料清单》要求的文件，提出正式申请。

中绿华夏有机产品认证中心（China Organic Food Certification Center, 简称COFCC）是农业农村部推动有机农业运动发展的专门机构，也是中国国家认证认可监督管理委员会批准设立的全国第一家有机产品认证机构。

COFCC依托农业系统的工作体系，建立了一流的检查员队伍和农业技术专家队伍，认证企业数、产品数以及防伪标签和有机码发放量均位居全国前列。2023年度认证有机企业1 359家、产品4 772个，颁发证书1 863张，有机标志备案数量19.026亿个。

截至2023年底，COFCC共认证了70余家境外企业，覆盖26个国家和地区。

五、什么是有机产品认证标志？

1. 中国有机产品认证标志

GB/T 19630—2019《有机产品 生产、加工、标识与管理体系要求》规定：标识为"有机"的产品应在获证产品或者产品的最小销售包装上加施中国有机产品认证标志及其有机码（每枚有机产品认证标志的唯一编号）、认证机构名称或者其标志。

2. 中绿华夏有机产品认证中心（COFCC）有机产品标志

COFCC有机产品标志采用人手和叶片为创意元素。我们可以看到两种景象：其一是一只手向上持着一片绿叶，寓意人类对自然和生命的渴望；其二是两只手一上一下握在一起，将绿叶拟人化为自然的手，寓意人类的生存离不开大自然的呵护，人与自然需要和谐美好的生存关系。有机食品概念的提出正是这种理念的实际应用。人类的食物从自然中获取，人类的活动应尊重自然的规律，这样才能创造出良好的可持续的发展空间。

3. 有机产品认证标志示例

中国有机产品认证标志可以根据产品的特性，采用粘贴或印刷的方式直接加施在产品或产品的最小销售包装上。

地理标志农产品篇

一、什么是地理标志农产品？

　　地理标志农产品是源于特定地域，其质量、声誉或特征主要取决于产地的自然生态环境和历史人文因素，并以地域名称冠名的农产品。

　　橘生淮南则为橘，橘生淮北则为枳。同一种农产品，由于产地不同，口感、品质也会不一样，地理标志农产品就是对来自特定产地的农产品进行标注，通常采取"农产品产地名称+产品名称"的形式，比如烟台苹果、盐池滩羊肉。

二、农产品地理标志公共标识图案的内涵是什么？

　　农产品地理标志公共标识图案由中华人民共和国农业农村部中英文字样、农产品地理标志中英文字样、麦穗、地球、日月等元素构成。

　　公共标识的核心元素为麦穗、地球、日月相互辉映，麦穗代表生命与农产品，同时从整体上看是一个地球在宇宙中的运动状态，体现了农产品地理标志与地球、人类共存的内涵。标识的颜色由绿色和橙色组成，绿色象征农业和环保，橙色寓意丰收和成熟。

三、农产品地理标志的作用是什么？

农产品地理标志是在长期的农业生产和百姓生活中形成的地方优良物质文化财富，对优质、特色的农产品进行地理标志保护，是合理利用与保护农业资源、农耕文化的现实要求，有利于培育地方主导产业和促进农民增收就业，有利于保护农村生态环境和动植物品种多样性，有利于保护传统农业技艺和乡村文化，促进农业农村经济、社会、生态可持续发展。

四、地理标志农产品有什么特点？

独特的品质特性

由独特自然生态环境或特定生产方式等因素所形成的独特感官特征及独特的内在品质指标。独特感官特征是指通过人的视觉、味觉、嗅觉、触觉等能够感知、感受到的特殊品质及风味；内在品质指标是指需要通过仪器检测的可量化的独特理化品质指标，如富含膳食纤维、多种维生素或矿物质元素、多种生理活性物质等。例如，章丘大葱历史悠久，驰名中外，深受世界各地消费者喜爱，有"葱王"之称。其产品独特的品质特性表现为葱白长且直，一般50～60厘米，最长1米左右，葱白茎粗可达5厘米。其口感脆嫩爽口、无筋无渣、少辛辣，最宜生食。

特定的生产方式

特定的生产方式是指影响地理标志农产品品质特色形成和保持的主要生产方式，如产地要求、品种范围、生产控制、产后处理等相关特殊性要求。例如，马家沟芹菜叶茎嫩黄、梗直空心、棵大鲜嫩、清香酥脆、营养丰富、品质上乘。该产品优良品质的形成与特定的生产方式有关。马家沟芹菜采用密植栽培，每亩种植25 000～30 000株，芹菜叶片生长到一定时期后，因叶片互相遮阴减少光照，使产品品质十分脆嫩，有"玻璃脆""水晶心"的美誉。

独特的自然生态环境

独特的自然生态环境是指影响地理标志农产品品质特色形成和保持的独特产地环境因子，如独特的光照、温湿度、降水、水质、地形地貌、土质等。例如，庐山云雾茶产地九江市为典型的山地丘陵，土壤为黏壤土，pH值4.8～5.0，土层覆盖厚度可达45厘米，土壤普遍呈酸性，其有机质含量极为丰富。当地有庐山、幕阜山、长江、鄱阳湖和庐山西海，其间水库、山塘星罗棋布，水资源丰富。九江市属中亚热带季风性气候区，四季分明，气候温暖，降水充沛，日照充足，无霜期长，相对湿度80%左右，产地终年云雾弥漫，为庐山云雾茶生长提供了独特的自然生态环境。

特有的人文历史因素

人文历史因素包括登记产品形成的历史、人文推动因素、独特的文化底蕴等内容。例如，莱芜猪饲养历史源远流长，可追溯到原始社会的新石器时代。距今4 500～6 500年的大汶口文化遗址中出土的动物骨骼以猪骨为主，经专家鉴定，墓葬中的猪骨与现今的莱芜猪相比较，几乎没有明显的差异，证明莱芜猪已经是当时人们主要物质生活基础和财富的象征。伴随着齐鲁文化的发展进程，经过长期的自然选择与人工选育，逐步形成了适应当地生态条件、体型外貌和生产性能具有特色的古老地方猪种——莱芜猪。

五、地理标志农产品证书持有人与标志使用人是什么关系？

　　地理标志农产品证书持有人与标志使用人是契约管理关系，证书持有人与标志使用人之间要签订标志使用协议。

　　证书持有人应当建立规范有效的标志使用管理制度，对地理标志农产品标志使用人实行动态管理、定期检查，并提供技术咨询与服务。标志使用人应当建立地理标志农产品使用档案，如实记载标志使用情况，并接受证书持有人的监督。

基地建设篇

一、如何创建绿色食品原料标准化生产基地？

1. 什么是绿色食品原料标准化生产基地？

绿色食品原料标准化生产基地是指符合绿色食品产地环境质量标准，按照绿色食品技术标准、全程质量控制体系等要求实施生产与管理，建立健全并有效运行基地管理体系，具有一定规模，并经中国绿色食品发展中心审核批准的种植区域或养殖场所。

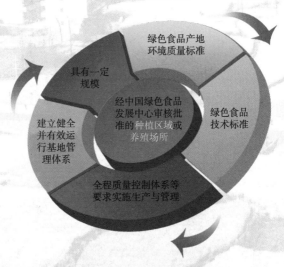

2. 创建条件

①创建人：县级人民政府。

②规模不少于3万亩，部分地区不低于1万亩。

③蔬菜和水果基地有对接绿色食品企业，或属于供应我国港澳、备案的出口蔬菜种植基地。

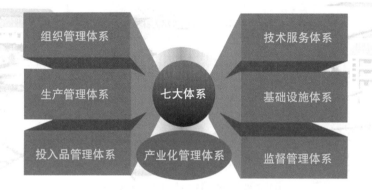

组织管理体系

技术服务体系

生产管理体系

七大体系

基础设施体系

投入品管理体系

产业化管理体系

监督管理体系

3. 创建流程

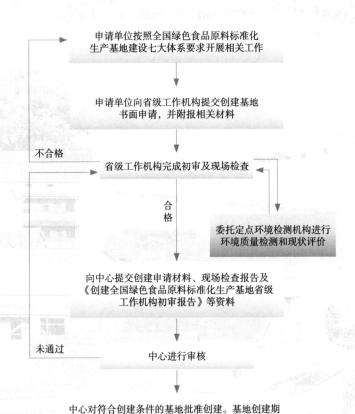

申请单位按照全国绿色食品原料标准化
生产基地建设七大体系要求开展相关工作

↓

申请单位向省级工作机构提交创建基地
书面申请，并附报相关材料

↓

不合格

省级工作机构完成初审及现场检查

合格

委托定点环境检测机构进行
环境质量检测和现状评价

↓

向中心提交创建申请材料、现场检查报告及
《创建全国绿色食品原料标准化生产基地省级
工作机构初审报告》等资料

↓

未通过

中心进行审核

↓

中心对符合创建条件的基地批准创建。基地创建期
满两年后，符合条件者可按照规定进入验收程序

二、如何创建有机农产品基地?

1. 什么是有机农产品基地?

有机农产品基地是指取得有机产品认证,达到一定规模,具有示范带动作用,并经中国绿色食品发展中心批准的有机农产品生产区域。

2. 申请条件

①创建人:县级(市、区,林区,垦区)农业农村管理部门。

②基地产品全部纳入绿色食品工作机构监管。

③基地产品相对集中连片,具有一定规模。

3. 申报流程

①向省级绿色食品工作机构申请并提交申报材料。

②省级工作机构初审。

③中国绿色食品发展中心复审。

④中国绿色食品发展中心公告。

三、如何认定绿色食品（有机农业）一二三产业融合发展园区？

1. 什么是绿色食品（有机农业）一二三产业融合发展园区？

　　绿色食品（有机农业）一二三产业融合发展园区是指以绿色食品或有机农业生产为基础，与生产加工、休闲消费、商务流通等有机整合、紧密相连、协同发展，具有一定规模、管理规范、运营良好、效益显著、示范带动性强，并经中国绿色食品发展中心予以认定的产业园区。

2. 申报认定条件有哪些？

　　①具有独立法人一个或多个联合体，形成一二三产业融合发展。
　　②土地经营权不少于20年。

③园区产品全部为绿色食品或有机产品。

④园区内所有产品已纳入绿色食品工作机构监管范围。

⑤具有一定规模。绿色食品不低于2 000亩，有机农产品不低于1 000亩。

⑥产品年度检查及产品抽检合格率达100%。

3. 申报认定程序

①由县级（市、区，林区，垦区）农业农村管理部门推荐，经县级政府同意，地市级绿色食品管理机构审核后向省级工作机构提交材料。

②省级工作机构对申报材料核验和现场检查。

③中国绿色食品发展中心审定。

④中国绿色食品发展中心审定合格后，认定，并予以通报。

附录1 绿色食品生产中允许使用的农药

1.1 生物农药清单（优先推荐使用）

类别	物质名称
植物和动物来源	楝素（苦楝、印楝等提取物，如印楝素等）
	天然除虫菊素（除虫菊科植物提取液）
	苦参碱及氧化苦参碱（苦参等提取物）
	蛇床子素（蛇床子提取物）
	小檗碱（黄连、黄柏等提取物）
	大黄素甲醚（大黄、虎杖等提取物）
	乙蒜素（大蒜提取物）
	苦皮藤素（苦皮藤提取物）
	藜芦碱（百合科藜芦属和喷嚏草属植物提取物）
	桉油精（桉树叶提取物）
	植物油（如薄荷油、松树油、香菜油、八角茴香油等）
	寡聚糖（甲壳素）
	天然诱集和杀线虫剂（如万寿菊、孔雀草、芥子油等）
	具有诱杀作用的植物（如香根草等）
	植物醋（如食醋、木醋、竹醋等）
	菇类蛋白多糖（菇类提取物）
	水解蛋白质
	蜂蜡

（续表）

类别	物质名称
植物和动物来源	明胶
	具有驱避作用的植物提取物（大蒜、薄荷、辣椒、花椒、薰衣草、柴胡、艾草、辣根等的提取物）
	害虫天敌（如寄生蜂、瓢虫、草蛉、捕食螨等）
微生物来源	真菌及真菌提取物（白僵菌、轮枝菌、木霉菌、耳霉菌、淡紫拟青霉、金龟子绿僵菌、寡雄腐霉菌等）
	细菌及细菌提取物（芽孢杆菌类、荧光假单胞杆菌、短稳杆菌等）
	病毒及病毒提取物（核型多角体病毒、质型多角体病毒、颗粒体病毒等）
	多杀霉素、乙基多杀菌素
	春雷霉素、多抗霉素、井冈霉素、嘧啶核苷类抗菌素、宁南霉素、申嗪霉素、中生菌素
	S-诱抗素
生物化学产物	氨基寡糖素、低聚糖素、香菇多糖
	几丁聚糖
	苄氨基嘌呤、超敏蛋白、赤霉酸、烯腺嘌呤、羟烯腺嘌呤、三十烷醇、乙烯利、吲哚丁酸、吲哚乙酸、芸薹素内酯
矿物来源	石硫合剂
	铜盐（如波尔多液、氢氧化铜等）
	氢氧化钙（石灰水）
	硫黄
	高锰酸钾（仅用于果树和种子处理）
	碳酸氢钾

（续表）

类别	物质名称
矿物来源	矿物油
	氯化钙
	硅藻土
	黏土（如斑脱土、珍珠岩、蛭石、沸石等）
	硅酸盐（硅酸钠、石英）
	硫酸铁（3价铁离子）
其他	二氧化碳
	过氧化物类和含氯类消毒剂（如过氧乙酸、二氧化氯、二氯异氰尿酸钠、三氯异氰尿酸等）
	乙醇
	海盐和盐水（仅用于种子处理）
	软皂（钾肥皂）
	松脂酸钠
	乙烯
	石英砂
	昆虫性信息素
	磷酸氢二铵

注：国家新禁用或列入《限制使用农药名录》的农药自动从上述清单中删除。

1.2 允许使用的化学农药清单

杀虫杀螨剂	
苯丁锡	吡丙醚
吡虫啉	吡蚜酮
虫螨腈	除虫脲
啶虫脒	氟虫脲
氟啶虫胺腈	氟啶虫酰胺
氟铃脲	高效氯氰菊酯
甲氨基阿维菌苯甲酸盐	甲氰菊酯
甲氧虫酰肼	抗蚜威
喹螨醚	联苯肼酯
硫酰氟	螺虫乙酯
螺螨酯	氯虫苯甲酰胺
灭蝇胺	灭幼脲
氰氟虫腙	噻虫啉
噻虫嗪	噻螨酮
噻嗪酮	杀虫双
杀铃脲	虱螨脲
四聚乙醛	四螨嗪
辛硫磷	溴氰虫酰胺
乙螨唑	茚虫威
唑螨酯	

（续表）

杀菌剂		
苯醚甲环唑	吡唑醚菌酯	丙环唑
代森联	代森锰锌	代森锌
稻瘟灵	啶酰菌胺	啶氧菌酯
多菌灵	噁霉灵	噁霜灵
噁唑菌酮	粉唑醇	氟吡菌胺
氟吡菌酰胺	氟啶胺	氟环唑
氟菌唑	氟硅唑	氟吗啉
氟酰胺	氟唑环菌胺	腐霉利
咯菌腈	甲基立枯磷	甲基硫菌灵
腈苯唑	腈菌唑	精甲霜灵
克菌丹	喹啉铜	醚菌酯
嘧菌环胺	嘧菌酯	嘧霉胺
棉隆	氰霜唑	氰氨化钙
噻呋酰胺	噻菌灵	噻唑锌
三环唑	三乙膦酸铝	三唑醇
三唑酮	双炔酰菌胺	霜霉威
霜脲氰	威百亩	萎锈灵
肟菌酯	戊唑醇	烯肟菌胺
烯酰吗啉	异菌脲	抑霉唑

（续表）

除草剂		
2甲4氯	氨氯吡啶酸	苄嘧磺隆
丙草胺	丙炔噁草酮	丙炔氟草胺
草铵膦	二甲戊灵	二氯吡啶酸
氟唑磺隆	禾草灵	环嗪酮
磺草酮	甲草胺	精吡氟禾草灵
精喹禾灵	精异丙甲草胺	绿麦隆
氯氟吡氧乙酸（异辛酸）	氯氟吡氧乙酸异辛酯	麦草畏
咪唑喹啉酸	灭草松	氰氟草酯
炔草酯	乳氟禾草灵	噻吩磺隆
双草醚	双氟磺草胺	甜菜安
甜菜宁	五氟磺草胺	烯草酮
烯禾啶	酰嘧磺隆	硝磺草酮
乙氧氟草醚	异丙隆	唑草酮
植物生长调节剂		
1-甲基环丙烯	2,4-滴（只允许作为植物生长调节剂使用）	
矮壮素	氯吡脲	
萘乙酸	烯效唑	

　　注：国家新禁用或列入《限制使用农药名录》的农药自动从上述清单中删除。

附录2　绿色食品生产中不应使用的兽药

2.1　不应使用的兽药

序号	种类		药物名称	用途
1	β-受体激动剂类		所有β-受体激动剂类及其盐、酯及制剂	所有用途
2	激素类	性激素类	己烯雌酚、己二烯雌酚、己烷雌酚、雌二醇、戊酸雌二醇、苯甲酸雌二醇及其盐、酯及制剂	所有用途
		同化激素类	甲基睾丸酮、丙酸睾酮、群勃龙（去甲雄三烯醇酮）、苯丙酸诺龙及其盐、酯及制剂	所有用途
		具雌激素样作用的物质	醋酸甲孕酮、醋酸美仑孕酮、玉米赤霉醇类、醋酸氯地孕酮	所有用途
3	催眠、镇静类		安眠酮	所有用途
			氯丙嗪、地西泮（安定）、苯巴比妥、盐酸可乐定、盐酸赛庚啶、盐酸异丙嗪	所有用途
4	抗菌药类	砜类抑菌剂	氨苯砜	所有用途
		酰胺醇类	氯霉素及其盐、酯	所有用途
		硝基呋喃类	呋喃唑酮、呋喃西林、呋喃妥因、呋喃它酮、呋喃苯烯酸钠	所有用途
		硝基化合物	硝基酚钠、硝呋烯腙	所有用途
		磺胺类及其增效剂	所有磺胺类及其增效剂的盐及制剂	所有用途
		喹诺酮类	诺氟沙星、氧氟沙星、培氟沙星、洛美沙星	所有用途
			恩诺沙星	乌鸡养殖

（续表）

序号	种类	药物名称	用途
4	大环内酯类	阿奇霉素	所有用途
	糖肽类	万古霉素及其盐、酯	所有用途
	喹噁啉类	卡巴氧、喹乙醇、喹烯酮、乙酰甲喹及其盐、酯及制剂	所有用途
	多肽类	硫酸黏菌素	促生长
	有机胂制剂	洛克沙胂、氨苯胂酸（阿散酸）	所有用途
	抗生素滤渣	抗生素滤渣	所有用途
5	苯并咪唑类	阿苯达唑、氟苯达唑、噻苯达唑、甲苯咪唑、奥苯达唑、三氯苯达唑、非班太尔、芬苯达唑、奥芬达唑及制剂	所有用途
	抗球虫类	氯羟吡啶、氨丙啉、氯苯胍、盐霉素及其盐和制剂	所有用途
	硝基咪唑类	甲硝唑、地美硝唑、替硝唑、洛硝达唑及其盐、酯及制剂	所有用途
	氨基甲酸酯类	甲萘威、呋喃丹（克百威）及制剂	杀虫剂
	有机氯杀虫剂	六六六、滴滴涕、林丹、毒杀芬（氯化烯）及制剂	杀虫剂
	有机磷杀虫剂	敌百虫、敌敌畏、皮蝇磷、氧硫磷、二嗪农、倍硫磷、毒死蜱、蝇毒磷、马拉硫磷及制剂	杀虫剂
	汞制剂	氯化亚汞（甘汞）、硝酸亚汞、醋酸汞、吡啶基醋酸汞及制剂	杀虫剂
	其他杀虫剂	杀虫脒（克死螨）、双甲脒、酒石酸锑钾、锥虫胂胺、孔雀石绿、五氯酚酸钠、潮霉素B、非泼罗尼（氟虫腈）	杀虫剂
6	抗病毒类药物	金刚烷胺、金刚乙胺、阿昔洛韦、吗啉（双）胍（病毒灵）、利巴韦林等及其盐、酯及单、复方制剂	抗病毒

2.2 产蛋期不应使用的药物

序号	种类		药物名称
1	抗菌 药类	四环素类	四环素、多西环素
		β-内酰胺类	阿莫西林、氨苄西林、青霉素/普鲁卡因青霉素、苯唑西林、氯唑西林及制剂
		寡糖类	阿维拉霉素
		氨基糖苷类	新霉素、安普霉素、大观霉素、卡那霉素
		酰胺醇类	氟苯尼考、甲砜霉素
		林可胺类	林可霉素
		大环内酯类	红霉素、泰乐菌素、吉他霉素、替米考星、泰万菌素
		喹诺酮类	达氟沙星、恩诺沙星、环丙沙星、沙拉沙星、二氟沙星、氟甲喹、噁喹酸
		多肽类	那西肽、恩拉霉素、维吉尼亚霉素
		聚醚类	海南霉素钠
2	抗寄生虫类		越霉素A、二硝托胺、马度米星铵、地克珠利、托曲珠利、左旋咪唑、癸氧喹酯、尼卡巴嗪
3	解热镇痛类		阿司匹林、卡巴匹林钙

2.3 泌乳期不应使用的药物

序号	种类		药物名称
1	抗菌药类	四环素类	四环素、多西环素
		β-内酰胺类	苄星氯唑西林
		大环内酯类	替米考星、泰拉霉素
		酰胺醇类	氟苯尼考
		喹诺酮类	二氟沙星
		氨基糖苷类	安普霉素
2	抗寄生虫类		阿维菌素、伊维菌素、左旋咪唑、碘醚柳胺、托曲珠利、环丙氨嗪、氟氯苯氰菊酯、常山酮、巴胺磷、癸氧喹酯、吡喹酮
3	镇静类		赛拉嗪
4	性激素		黄体酮
5	解热镇痛类		阿司匹林、水杨酸钠

小贴士

其他不应使用的兽药种类：

• 不应使用农业农村部公告第194号规定的含促生长类药物的药物饲料添加剂；任何促生长类的化学药物。

• 产蛋期同时不应使用醛类消毒剂。

附录3　绿色食品生产中允许使用的渔药清单

3.1　允许使用的中药成方制剂和单方制剂渔药清单

名称	
七味板蓝根散	三黄散（水产用）
大黄五倍子散	大黄末（水产用）
大黄解毒散	山青五黄散
川楝陈皮散	五倍子末
六味黄龙散	双黄白头翁散
双黄苦参散	石知散（水产用）
龙胆泻肝散（水产用）	地锦草末
地锦鹤草散	百部贯众散
肝胆利康散	驱虫散（水产用）
板蓝根大黄散	芪参散
苍术香连散（水产用）	虎黄合剂
连翘解毒散	青板黄柏散
青连白贯散	青莲散
穿梅三黄散	苦参末
虾蟹脱壳促长散	柴黄益肝散
根莲解毒散	清热散（水产用）
清健散	银翘板蓝根散
黄连解毒散（水产用）	雷丸槟榔散
蒲甘散	

3.2　允许使用的化学渔药清单

类别	名称
渔用环境改良剂	过氧化氢溶液（水产用）
	过碳酸钠（水产用）
渔用抗寄生虫药	地克珠利预混剂（水产用）
	阿苯达唑粉（水产用）
	硫酸锌三氯异氰脲酸粉（水产用）
	硫酸锌粉（水产用）
渔用抗微生物药	氟苯尼考注射液
	氟苯尼考粉
	盐酸多西环素粉（水产用）
	硫酸新霉素粉（水产用）
渔用生理调节剂	亚硫酸氢钠甲萘醌粉（水产用）
	注射用复方绒促性素A型（水产用）
	注射用复方绒促性素B型（水产用）
	维生素C钠粉（水产用）
渔用消毒剂	次氯酸钠溶液（水产用）
	含氯石灰（水产用）
	蛋氨酸碘溶液
	聚维酮碘溶液（水产用）

注：国家新禁用或列入限用的渔药自动从该清单中删除。

3.3　允许使用的渔用疫苗清单

名称	备注
大菱鲆迟钝爱德华氏菌活疫苗（EIBAV1株）	预防由迟钝爱德华氏菌引起的大菱鲆腹水病，免疫期为3个月
牙鲆鱼溶藻弧菌、鳗弧菌、迟缓爱德华病多联抗独特型抗体疫苗	预防牙鲆鱼溶藻弧菌、鳗弧菌、迟缓爱德华病，免疫期为5个月
鱼虹彩病毒病灭活疫苗	预防真鲷、鰤鱼属、拟鲹的虹彩病毒病
草鱼出血病灭活疫苗	预防草鱼出血病，免疫期12个月
草鱼出血病活疫苗（GCHV-892株）	预防草鱼出血病
嗜水气单胞菌败血症灭活疫苗	预防淡水鱼类特别是鲤科鱼的嗜水气单胞菌败血症，免疫期为6个月

小贴士

不应使用的渔药种类：

- 不应使用药物饲料添加剂。
- 不应为了促进养殖水产动物生长而使用抗菌药物、激素或其他生长促进剂。

附录4　绿色食品生产中不应使用的食品添加剂

食品添加剂功能类别	食品添加剂名称
酸度调节剂	富马酸一钠
抗结剂	亚铁氰化钾、亚铁氰化钠
抗氧化剂	硫代二丙酸二月桂酯、4-己基间苯二酚
漂白剂	硫黄
膨松剂	硫酸铝钾（又名钾明矾）、硫酸铝铵（又名铵明矾）
着色剂	赤藓红及其铝色淀、新红及其铝色淀、二氧化钛、焦糖色（亚硫酸铵法）、焦糖色（加氨生产）、植物炭黑
护色剂	硝酸钠、亚硝酸钠、硝酸钾、亚硝酸钾
乳化剂	山梨醇酐单硬脂酸酯（又名司盘60）、山梨醇酐三硬脂酸酯（又名司盘65）、山梨醇酐单油酸酯（又名司盘80）、木糖醇酐单硬脂酸酯、山梨醇酐单棕榈酸酯（又名司盘40）、聚氧乙烯（20）山梨醇酐单硬脂酸酯（又名吐温60）、聚氧乙烯（20）山梨醇酐单油酸酯（又名吐温80）、聚氧乙烯木糖醇酐单硬脂酸酯、山梨醇酐单月桂酸酯（又名司盘20）、聚氧乙烯（20）山梨醇酐单月桂酸酯（又名吐温20）、聚氧乙烯（20）山梨醇酐单棕榈酸酯（又名吐温40）
面粉处理剂	偶氮甲酰胺
被膜剂	吗啉脂肪酸盐（又名果蜡）、松香季戊四醇酯
防腐剂	苯甲酸及其钠盐、乙氧基喹、肉桂醛、联苯醚（又名二苯醚）、2,4-二氯苯氧乙酸

（续表）

食品添加剂功能类别	食品添加剂名称
稳定剂和凝固剂	柠檬酸亚锡二钠
甜味剂	糖精钠、环己基氨基磺酸钠（又名甜蜜素），环己基氨基磺酸钙、L-α-天冬氨酰-N-（2,2,4,4-四甲基-3-硫化三亚甲基）-D-丙氨酰胺（又名阿力甜）
增稠剂	海萝胶
其他	硫酸亚铁
胶基糖果中基础剂物质	胶基糖果中基础剂物质

注：多功能食品添加剂，表中功能类别为其主要功能。

附录5　有机植物生产中允许使用的投入品

5.1　允许使用的土壤培肥和改良物质

类别	名称和组分	使用条件
	植物材料（秸秆、绿肥等）	—
	畜禽粪便及其堆肥（包括圈肥）	经过堆制并充分腐熟
	畜禽粪便和植物材料的厌氧发酵产品（沼肥）	—
植物和动物来源	海草或海草产品	仅直接通过下列途径获得：物理过程，包括脱水、冷冻和研磨；用水或酸和/或碱溶液提取；发酵
	木料、树皮、锯屑、刨花、木灰、木炭	来自采伐后未经化学处理的木材，地面覆盖或经过堆制
	腐殖酸类物质（天然腐殖酸如：褐煤、风化褐煤等）	天然来源，未经化学处理、未添加化学合成物质
	动物来源的副产品（血粉、肉粉、骨粉、蹄粉、角粉等）	未添加禁用物质，经过充分腐熟和无害化处理
	鱼粉、虾蟹壳粉、皮毛、羽毛、毛发粉及其提取物	仅直接通过下列途径获得：物理过程；用水或酸和/或碱溶液提取；发酵
	牛奶及乳制品	—
	食用菌培养废料和蚯蚓培养基质	培养基的初始原料限于本附录中的产品，经过堆制
	食品工业副产品	经过堆制或发酵处理
	草木灰	作为薪柴燃烧后的产品

（续表）

类别	名称和组分	使用条件
植物和动物来源	泥炭	不含合成添加剂。不应用于土壤改良；只允许作为盆栽基质使用
	饼粕	不能使用经化学方法加工的饼粕
矿物来源	磷矿石	天然来源，镉含量小于等于90毫克/千克五氧化二磷
	钾矿粉	天然来源，未通过化学方法浓缩。氯含量少于60%
	硼砂	天然来源，未经化学处理、未添加化学合成物质
	微量元素	
	镁矿粉	
	硫黄	
	石灰石、石膏和白垩	
	黏土（如珍珠岩、蛭石等）	
	氯化钠	
	石灰	仅用于茶园土壤pH值调节
	窑灰	未经化学处理、未添加化学合成物质
	碳酸钙镁	天然来源，未经化学处理、未添加化学合成物质
	泻盐类	未经化学处理、未添加化学合成物质
微生物来源	可生物降解的微生物加工副产品，如酿酒和蒸馏酒行业的加工副产品	未添加化学合成物质
	微生物及微生物制剂	非转基因，未添加化学合成物质

5.2　允许使用的植物保护产品

类别	名称和组分	使用条件
植物和动物来源	楝素（苦楝、印楝等提取物）	杀虫剂
	天然除虫菊素（除虫菊科植物提取液）	杀虫剂
	苦参碱及氧化苦参碱（苦参等提取物）	杀虫剂
	鱼藤酮类（如毛鱼藤）	杀虫剂
	茶皂素（茶籽等提取物）	杀虫剂
	皂角素（皂角等提取物）	杀虫剂、杀菌剂
	蛇床子素（蛇床子提取物）	杀虫剂、杀菌剂
	小檗碱（黄连、黄柏等提取物）	杀菌剂
	大黄素甲醚（大黄、虎杖等提取物）	杀菌剂
	植物油（如薄荷油、松树油、香菜油）	杀虫剂、杀螨剂、杀真菌剂、发芽抑制剂
	具有驱避作用的植物提取物（大蒜、薄荷、辣椒、花椒、薰衣草、柴胡、艾草的提取物）	驱避剂
	害虫天敌（如赤眼蜂、瓢虫、草蛉等）	控制虫害
矿物来源	铜盐（如硫酸铜、氢氧化铜、氯氧化铜、辛酸铜等）	杀真菌剂，每12个月铜的最大使用量每公顷不超过6千克
	石硫合剂	杀真菌剂、杀虫剂、杀螨剂
	波尔多液	杀真菌剂，每12个月铜的最大使用量每公顷不超过6千克

（续表）

类别	名称和组分	使用条件
矿物来源	氢氧化钙（石灰水）	杀真菌剂、杀虫剂
	硫黄	杀真菌剂、杀螨剂、驱避剂
	高锰酸钾	杀真菌剂、杀细菌剂；仅用于果树和葡萄
	碳酸氢钾	杀真菌剂
	石蜡油	杀虫剂、杀螨剂
	轻矿物油	杀虫剂、杀真菌剂；仅用于果树、葡萄和热带作物（如香蕉）
	氯化钙	用于治疗缺钙症
	硅藻土	杀虫剂
	黏土（如斑脱土、珍珠岩、蛭石、沸石等）	杀虫剂
	硅酸盐（如硅酸钠、硅酸钾等）	驱避剂
	石英砂	杀真菌剂、杀螨剂、驱避剂
	磷酸铁（3价铁离子）	杀软体动物剂
微生物来源	真菌及真菌制剂（如白僵菌、绿僵菌、轮枝菌、木霉菌等）	杀虫剂、杀菌、除草剂
	细菌及细菌制剂（如苏云金芽孢杆菌、枯草芽孢杆菌、蜡质芽孢杆菌、地衣芽孢杆菌、荧光假单胞杆菌等）	杀虫剂、杀菌剂、除草剂
	病毒及病毒制剂（如核型多角体病毒、颗粒体病毒等）	杀虫剂
其他	二氧化碳	杀虫剂，用于贮存设施

类别	名称和组分	使用条件
其他	乙醇	杀菌剂
	海盐和盐水	杀菌剂，仅用于种子处理，尤其是稻谷种子
	明矾	杀菌剂
	软皂（钾肥皂）	杀虫剂
	乙烯	—
	昆虫性外激素	仅用于诱捕器和散发皿内
	磷酸氢二铵	引诱剂，只限用于诱捕器中使用
诱捕器、屏障	物理措施（如色彩/气味诱捕器、机械诱捕器等）	—
	覆盖物（如秸秆、杂草、地膜、防虫网等）	—

5.3 允许使用的清洁剂和消毒剂

类别	使用条件
醋酸（非合成的）	设备清洁
醋	设备清洁
乙醇	消毒
异丙醇	消毒
过氧化氢	仅限食品级的过氧化氢，设备清洁剂
碳酸钠、碳酸氢钠	设备消毒
碳酸钾、碳酸氢钾	设备消毒
漂白剂	包括次氯酸钙、二氧化氯或次氯酸钠，可用于消毒和清洁食品接触面。直接接触植物产品的冲洗水中余氯含量应符合GB 5749的要求
过氧乙酸	设备消毒
臭氧	设备消毒
氢氧化钾	设备消毒
氢氧化钠	设备消毒
柠檬酸	设备清洁
肥皂	仅限可生物降解的。允许用于设备清洁
皂基杀藻剂/除雾剂	杀藻剂、消毒剂和杀菌剂，用于清洁灌溉系统，不含禁用物质
高锰酸钾	设备消毒

有机食品加工中允许使用的调味品：

a）香精油：以油、水、乙醇、二氧化碳为溶剂通过机械和物理方法提取的天然香料；

b）天然调味品：参见评估有机添加剂和加工助剂的指南。

有机食品加工中允许使用的微生物制品及酶制剂：

a）天然微生物及其制品：基因工程生物及其产品除外；

b）发酵剂：生产过程未使用漂白剂和有机溶剂；

c）酶制剂：基因工程生物及其产品除外。

有机食品加工中允许使用的其他配料：

a）饮用水；

b）食用盐；

c）矿物质（包括微量元素）、维生素和氨基酸。使用条件应至少满足下列情况中的一种：

　　1）法律规定应使用；

　　2）有确凿证据证明食品中严重缺乏时才可以使用；

　　3）不能获得符合本标准的替代物，且若不使用这些配料，产品将无法正常生产或保存，或其质量不能达到一定的标准。

附录6 有机动物养殖中允许使用的物质

6.1 动物养殖允许使用的添加剂和用于动物营养的物质

序号	名称	来源和说明
1	铁	硫酸亚铁、碳酸亚铁、三氧化二铁
2	碘	碘酸钙、碘化钠、碘化钾
3	钴	硫酸钴、氯化钴、碳酸钴
4	铜	硫酸铜、氧化铜（反刍动物）
5	锰	碳酸锰、氧化锰、硫酸锰、氯化锰
6	锌	氧化锌、碳酸锌、硫酸锌
7	钼	钼酸钠
8	硒	亚硒酸钠
9	钠	氯化钠、硫酸钠、碳酸钠、碳酸氢钠
10	钾	碳酸钾、碳酸氢钾、氯化钾
11	钙	碳酸钙（石粉、贝壳粉）、乳酸钙、硫酸钙、氯化钙
12	磷	磷酸氢钙、磷酸二氢钙、磷酸三钙
13	镁	氧化镁、氯化镁、硫酸镁
14	硫	硫酸钠

（续表）

序号	名称	来源和说明
15	维生素	来源于天然生长的饲料源的维生素。在饲喂单胃动物时可使用与天然维生素结构相同的合成维生素。若反刍动物无法获得天然来源的维生素，可使用与天然维生素一样的合成的维生素A、维生素D和维生素E
16	微生物	畜牧技术用途，非转基因/基因工程生物或产品
17	酶	青贮饲料添加剂和畜牧技术用途，非转基因/基因工程生物或产品
18	防腐剂和青贮饲料添加剂	山梨酸、甲酸、乙酸、乳酸、柠檬酸，只可在天气条件不能满足充分发酵的情况下使用
19	黏结剂和抗结块剂	硬脂酸钙、二氧化硅
20	食品、食品工业副产品	如乳清、谷物粉、糖蜜、甜菜渣等

6.2　动物养殖场所允许使用的清洁剂和消毒剂

名称	使用条件
钾皂和钠皂	—
水和蒸汽	—
石灰水（氢氧化钙溶液）	—
石灰（氧化钙）	—
熟石灰（氢氧化钙）	—
次氯酸钠	用于消毒设施和设备
次氯酸钙	用于消毒设施和设备
二氧化氯	用于消毒设施和设备
高锰酸钾	可使用0.1%高锰酸钾溶液，以免腐蚀性过强
氢氧化钠	—
氢氧化钾	—
过氧化氢	仅限食品级，用作外部消毒剂。可作为消毒剂添加到家畜的饮水中
植物源制剂	—
柠檬酸	—
过氧乙酸	—
甲酸（蚁酸）	—
乳酸	—
草酸	—
异丙醇	—

（续表）

名称	使用条件
乙酸	—
乙醇（酒精）	供消毒和杀菌用
碘（如碘酒、碘伏、聚维酮碘等）	作为清洁剂时，应用热水冲洗
硝酸	用于牛奶设备清洁，不应与有机管理的畜禽或者土地接触
磷酸	用于牛奶设备清洁，不应与有机管理的畜禽或者土地接触
甲醛	用于消毒设施和设备
用于乳头清洁和消毒的产品	符合相关国家标准
碳酸钠	—

6.3　蜜蜂养殖允许使用的控制疾病和有害生物的物质

名称	使用条件
甲酸（蚁酸）	控制寄生螨。这种物质可以在该季最后一次蜂蜜收获之后并且在添加贮蜜继箱之前30天停止使用
乳酸、醋酸、草酸	控制病虫害
薄荷醇	控制蜜蜂呼吸道寄生螨
天然香精油（麝香草酚、桉油精或樟脑）	驱避剂
氢氧化钠	控制病害
氢氧化钾	控制病害
氯化钠	控制病害
草木灰	控制病害
氢氧化钙	控制病害
硫黄	仅限于蜂箱和巢脾的消毒
苏云金杆菌	非转基因
漂白剂（次氯酸钙、二氧化氯或次氯酸钠）	养蜂工具消毒
蒸汽和火焰	蜂箱的消毒
琼脂	仅限水提取的
杀鼠剂（维生素D）	用于控制鼠害，以对蜜蜂和蜂产品安全的方式使用

附录7 有机食品加工中允许使用的食品添加剂、助剂和其他物质

7.1 允许使用的食品添加剂

序号	名称	使用条件
1	阿拉伯胶	增稠剂，应符合GB 2760的规定
2	刺梧桐胶	稳定剂，应符合GB 2760的规定
3	二氧化硅	抗结剂，应符合GB 2760的规定
4	二氧化硫	漂白剂、防腐剂、抗氧化剂，用于未加糖果酒，最大使用量为50毫克/升；用于加糖果酒，最大使用量为100毫克/升；用于红葡萄酒，最大使用量为100毫克/升，用于白葡萄酒和桃红葡萄酒，最大使用量为150毫克/升。最大使用量以二氧化硫残留量计
5	甘油	水分保持剂、乳化剂，应符合GB 2760的规定
6	瓜尔胶	增稠剂，应符合GB 2760的规定
7	果胶	乳化剂、稳定剂、增稠剂，应符合GB 2760的规定
8	海藻酸钾	增稠剂，应符合GB 2760的规定
9	海藻酸钠	增稠剂，应符合GB 2760的规定
10	槐豆胶	增稠剂，应符合GB 2760的规定
11	黄原胶	稳定剂、增稠剂，应符合GB 2760的规定

（续表）

序号	名称	使用条件
12	焦亚硫酸钾	漂白剂、防腐剂、抗氧化剂，用于啤酒时，按GB 2760使用；用于未加糖果酒，最大使用量为50毫克/升；用于加糖果酒，最大使用量为100毫克/升；用于红葡萄酒，最大使用量为100毫克/升，用于白葡萄酒和桃红葡萄酒，最大使用量为150毫克/升；用于配制酒，最大使用量为250毫克/升。最大使用量以二氧化硫残留量计
13	L（+）-酒石酸和dl-酒石酸	酸度调节剂，应符合GB 2760的规定
14	酒石酸氢钾	膨松剂，用于小麦粉及其制品、焙烤食品，应符合GB 2760的规定。 结晶剂，用于葡萄酒
15	卡拉胶	增稠剂，应符合GB 2760的规定。 乳化剂、稳定剂、增稠剂，应符合GB 2760的规定
16	抗坏血酸（维生素C）	抗氧化剂、面粉处理剂，应符合GB 2760的规定
17	磷酸氢钙	膨松剂，应符合GB 2760的规定
18	硫酸钙（天然）	稳定剂和凝固剂、增稠剂、酸度调节剂，应符合GB 2760的规定
19	氯化钙	凝固剂、稳定剂、增稠剂，应符合GB 2760的规定
20	氯化钾	应符合GB 2760的规定
21	氯化镁（天然）	稳定剂和凝固剂，应符合GB 2760的规定
22	明胶	增稠剂，应符合GB 2760的规定
23	柠檬酸	酸度调节剂，应符合GB 2760的规定
24	柠檬酸钾	酸度调节剂，应符合GB 2760的规定
25	柠檬酸钠	酸度调节剂、稳定剂，应符合GB 2760的规定
26	DL-苹果酸	酸度调节剂，应符合GB 2760的规定

（续表）

序号	名称	使用条件
27	L-苹果酸	酸度调节剂，应符合GB 2760的规定
28	氢氧化钙	酸度调节剂，应符合GB 2760的规定
29	琼脂	增稠剂，应符合GB 2760的规定
30	乳酸	酸度调节剂，应符合GB 2760的规定
31	乳酸钠	水分保持剂、酸度调节剂、抗氧化剂、膨松剂、增稠剂、稳定剂，应符合GB 2760的规定
32	碳酸钙	膨松剂、面粉处理剂，应符合GB 2760的规定
33	碳酸钾	酸度调节剂，应符合GB 2760的规定
34	碳酸钠	酸度调节剂，应符合GB 2760的规定
35	碳酸氢铵	膨松剂，应符合GB 2760的规定
36	硝酸钾	护色剂、防腐剂，用于肉制品，最大使用量80毫克/千克，最大残留量30毫克/千克（以亚硝酸钠计）
37	亚硝酸钠	护色剂、防腐剂，用于肉制品，最大使用量80毫克/千克，最大残留量30毫克/千克（以亚硝酸钠计）
38	胭脂树橙（红木素、降红木素）	着色剂，应符合GB 2760的规定
39	硫黄	只限用于魔芋粉熏蒸，最大使用量900毫克/千克（以二氧化硫残留量计）
40	磷脂	抗氧化剂、乳化剂，应符合GB 2760的规定
41	结冷胶	增稠剂，应符合GB 2760的规定
42	罗汉果甜苷	甜味剂，应符合GB 2760的规定
43	碳酸氢钠	膨松剂、酸度调节剂和稳定剂，应符合GB 2760的规定

7.2　允许使用的加工助剂

序号	名称	使用条件
1	氮气	用于食品保存，仅允许使用非石油来源的不含石油级的。应符合GB 2760的规定
2	二氧化碳（非石油制品）	防腐剂、加工助剂，应是非石油制品。应符合GB 2760的规定
3	高岭土	澄清剂、助滤剂，应符合GB 2760的规定
4	L-苹果酸	用于发酵工艺，应符合GB 2760的规定
5	硅胶	澄清剂，应符合GB 2760的规定
6	硅藻土	应符合GB 2760的规定
7	活性炭	应符合GB 2760的规定
8	硫酸	絮凝剂，应符合GB 2760的规定
9	氯化钙	加工助剂，应符合GB 2760的规定
10	膨润土（皂土、斑脱土）	吸附剂、助滤剂、澄清剂、脱色剂，应符合GB 2760的规定
11	氢氧化钙	应符合GB 2760的规定
12	氢氧化钠	酸度调节剂，加工助剂，应符合GB 2760的规定
13	食用单宁	助滤剂、澄清剂、脱色剂，应符合GB 2760的规定
14	碳酸钙	应符合GB 2760的规定
15	碳酸钾	应符合GB 2760的规定
16	碳酸镁	应符合GB 2760的规定
17	碳酸钠	应符合GB 2760的规定

（续表）

序号	名称	使用条件
18	纤维素	应符合GB 2760的规定
19	盐酸	应符合GB 2760的规定
20	乙醇	应符合GB 2760的规定
21	珍珠岩	助滤剂，应符合GB 2760的规定
22	滑石粉	脱模剂、防黏剂，应符合GB 2760的规定
23	明胶	澄清剂，应符合GB 2760的规定
24	柠檬酸	应符合GB 2760的规定
25	磷脂	应符合GB 2760的规定
26	碳酸氢钠	应符合GB 2760的规定
27	卡拉胶	澄清剂，应符合GB 2760的规定

7.3　允许使用的清洁剂和消毒剂

名称	使用条件
醋酸（非合成的）	设备清洁
醋	设备清洁
盐酸	设备清洁
硝酸	设备清洁
磷酸	设备清洁
乙醇	消毒
异丙醇	消毒
过氧化氢	仅限食品级的过氧化氢，设备清洁剂
碳酸钠、碳酸氢钠	设备消毒
碳酸钾、碳酸氢钾	设备消毒
漂白剂	包括次氯酸钙、二氧化氯或次氯酸钠，可用于消毒和清洁食品接触面
过氧乙酸	设备消毒
臭氧	设备消毒
氢氧化钾	设备消毒
氢氧化钠	设备消毒
柠檬酸	设备清洁
肥皂	仅限可生物降解的。允许用于设备清洁
高锰酸钾	设备消毒

附录8 有机饲料加工中允许使用的添加剂

序号	名称	来源和说明
1	铁	硫酸亚铁、碳酸亚铁、三氧化二铁
2	碘	碘酸钙、碘化钾、碘化钠
3	钴	硫酸钴、氯化钴、碳酸钴
4	铜	硫酸铜、氧化铜（反刍动物）
5	锰	碳酸锰、氧化锰、硫酸锰、氯化锰
6	锌	碳酸锌、氧化锌、硫酸锌
7	钼	钼酸钠
8	硒	亚硒酸钠
9	钠	氯化钠、硫酸钠
10	钙	碳酸钙（石粉、贝壳粉）、乳酸钙、硫酸钙、氯化钙
11	磷	磷酸氢钙、磷酸二氢钙、磷酸三钙
12	镁	氧化镁、氯化镁、硫酸镁
13	硫	硫酸钠
14	钾	氯化钾、碳酸钾、碳酸氢钾
15	维生素	来源于天然生长的饲料原料的维生素。在饲喂单胃动物时可使用与天然维生素结构相同的合成维生素。若反刍动物无法获得天然来源的维生素，允许使用与天然维生素一样的合成的维生素A、维生素D和维生素E

（续表）

序号	名称	来源和说明
16	微生物	畜牧技术用途，非转基因/基因工程生物或产品
17	酶	青贮饲料添加剂和畜牧技术用途，非转基因/基因工程生物或产品
18	山梨酸	防腐剂
19	甲酸	防腐剂，用于青贮饲料，只有在天气条件不能满足充分发酵时才可使用
20	乙酸	防腐剂，用于青贮饲料，只有在天气条件不能满足充分发酵时才可使用
21	乳酸	防腐剂，用于青贮饲料，只有在天气条件不能满足充分发酵时才可使用
22	丙酸	防腐剂，用于青贮饲料，只有在天气条件不能满足充分发酵时才可使用
23	柠檬酸	防腐剂
24	硬脂酸钙	天然来源，黏合剂和抗结块剂
25	二氧化硅	黏合剂和抗结块剂
26	蛋氨酸	家禽必需氨基酸